好 吃

百年糕点世家的秘传酥皮香

李 青 编著

青岛出版集团 | 青岛出版社

图书在版编目（CIP）数据

好吃：百年糕点世家的秘传酥皮香 / 李青编著. —青岛：青岛
出版社，2024.3
ISBN 978-7-5736-1899-3

Ⅰ.①好… Ⅱ.①李… Ⅲ.①糕点－饮食－文化研究－临沂
Ⅳ.①TS213.23

中国国家版本馆CIP数据核字（2024）第019052号

HAOCHI : BAINIAN GAODIAN SHIJIA DE MICHUAN SUPI XIANG

书　　　名	好吃：百年糕点世家的秘传酥皮香
作　　　者	李　青
出版发行	青岛出版社（青岛市崂山区海尔路182号）
本社网址	http://www.qdpub.com
邮购电话	18613853563
责任编辑	金　汶
特约编辑	孙语冰
装帧设计	千　千
印　　　刷	天津联城印刷有限公司
出版日期	2024年3月第1版 2024年8月第2次印刷
开　　　本	24开（889mm×1194mm）
印　　　张	8
字　　　数	120千
书　　　号	ISBN 978-7-5736-1899-3
定　　　价	78.00元

编校印装质量、盗版监督服务电话 4006532017 0532-68068050

目　录

百年糕点世家
秘传酥皮香
—— 始于1926 ——

序　章

朴素的

秋香食品的故事

　　每个时代都有自己的传奇。超越时代的传奇，是命运的选择。秋香食品的传奇，有时代的烙印，更有当家者主动的拥抱。

传奇

二十世纪初，山东人刘宝桂先生闯关东归来，于1926年携其子刘步文在山东临沂创办了"长发祥果子铺"，所做糕点"好吃"之名远播十里八乡，成一时佳话。

1938 年

1949 年

1955 年

因日军进犯临沂，长发祥果子铺只能易地开张，但生意依然火爆，在鲁南地区声名鹊起。

中华人民共和国成立。

刘氏家族响应国家号召，将"长发祥果子铺"公私合营，并入当地供销社，第三代传人刘传厚、刘传忠两兄弟成为供销社职工。

1978 年

20世纪80年代

1996 年

改革开放，中华大地春风荡漾。

经济发展让人民群众的生活日渐丰富，对糕点的需求开始旺盛。刘传忠、刘传厚两兄弟被请到各大食品厂和粮站做技术指导，为它们培养糕点制作人才，同时帮忙设计、制作糕点的生产设备。

第四代传人刘继恩创办"秋香"品牌，将祖上积累的糕点制作手艺发扬光大，产品一经问世，便收获众多好评。时至今日，系列产品畅销各地，不仅"好吃"之名流传甚广，价格公道更成为坊间美谈。每年中秋来临，产品供不应求。秋香食品在自产自销之余，还为全国 200 多个糕点品牌提供馅料，为北方糕点产业的发展做出了重要的贡献。

从"长发祥果子铺"到"秋香食品"，刘氏家族的糕点事业经百年而香火不断，且越做越大，主要原因还是"好吃"这一名声在外，市场需求非常旺盛。

刘氏糕点的做法，与中国北方地区常见的糕点在形式上并无特别大的区别，在风味和品类上也很常见，难就难在把相同的东西做出更好的口感。更难的是，刘氏糕点在不同的时代还能收获相同的口碑，其中奥妙可用 5 个字来总结，即"秘传酥皮香"。北方糕点，尤其是其制作工艺，与江南苏式点心有异曲同工之妙，都追求"皮酥馅香"，而刘氏点心的特别之处在于其独创的"酥皮香"工艺，通过特殊的配方和工艺流程，使"皮更酥，馅更香，馅中有皮味，皮中有馅香，皮馅相辅，香酥互补，口感饱满，回味悠长"。故食刘氏糕点，尤其是今日之秋香月饼，应当"先闻后吃，细嚼慢咽"，然后"用心品味，回忆美好"，个中滋味，自是美不可言。刘氏家族以忠厚传家，故在选材用料上唯好至上，极其严格，而在产品售价上，又只赚手工费。因此，传至刘继恩一代，秋香食品以物美价廉而享誉四方。实在人家，自成一派风气。

百年传

一脉四

承代

透过刘氏家族的糕点制作史，隐约可见二十世纪的风云变幻。无论是刘宝桂背井离乡创业求生，千里归家携子投入新中国的建设事业，还是刘继恩乘改革开放的东风将祖传的手艺变成现代产业，一桩桩，一件件，无不围绕"糕点"展开。在一个变化巨大的环境里，这些是非常少见的"传奇"事件，但在刘氏家族内部，人们往往用一句话来回应这些"传奇"："除了做糕点，其他的咱也不会。认真做好每一个细节，不能把祖上的手艺丢了。"

这是秋香食品的故事，更是中国民间的传奇之一。

百年糕

闯关东走天下凭手艺吃饭

点世家

选真材用好料只赚辛苦费

#

　　刘宝桂出生的那天正好是八月十五，一轮圆月高挂在天上。中秋自然有满月，可那晚的月亮有点儿不同寻常，似乎比任何一个中秋的月亮都要亮得多，好像他来到这个世界是一件多么惊天动地的事情，要托月亮把整座村子都照得亮亮堂堂，好给每家每户报信儿。刘宝桂看不到月亮，也不知道什么是月亮，只管躺在炕上"哇哇"大哭，可是围着他看的那些人笑得合不拢嘴。他哭得越大声，他们就笑得越开心。那一夜，刘宝桂的小名儿就因为窗外的那轮月亮定下来了，那些围着他的人给他起名叫圆月。他的大名，也和这月亮有关。在刘宝桂家的院子里种着一棵桂花树，每年中秋，皓月当空，桂花飘香，一整个院子都被这浓浓的香气笼罩着。不是老早就有传说，说月亮上有棵桂树吗？所谓仙人垂两足，桂树何团团。这么一想，取"桂"字入名，还真妥帖。于是，刘宝桂的大名也就有了。

刘宝桂长大一点儿，可以满院子跑的时候，家里人叫来了一个相面先生。这位相面先生坐在院子里的石凳上看着刘宝桂，半晌后，起身对刘宝桂的姥姥说："这娃将来能做点心果子，能凭手艺自己谋生，不得了，不得了。"

刘宝桂本来在院子里玩石子儿，可远远地他这耳朵就听见了点心果子。他站起身向姥姥跑去，吵着要吃点心。姥姥转身进屋，从柜子里给刘宝桂拿了一块出来，塞到他的手心里。那年月，能吃上点心的人家可不多。

刘宝桂的姥姥家在山东临沂一个叫后园村的地方。村里大部分人家靠着自家的一亩三分地谋生，种了粮食能填饱肚子就算不错了。刘宝桂的姥姥家大不一样，他们家开了一间铁匠铺，是以手艺为生的。

铁匠铺不大，里头有一个大炉子，炉子旁边架着一个大风箱。手一拉风箱，炉子里的火苗就"呼呼"地往上蹿，把铁匠铺里的人的脸映得通红通红的。从早上到晚上，铁匠铺里"叮叮当当"的声音就不断。铁匠先把那些要锻打的铁器放进火炉里烤得通红，再拿出来不断地敲打。它们有些被做成菜刀，有些被打成镐和铁锹，全都进了村子里的人家。这火红的炉火似乎象征了家业的兴旺，以手艺谋生的刘宝桂姥姥一家过着殷实的生活。

于是，当相面先生跟姥姥说刘宝桂以后准能以手艺谋生的时候，姥姥的这颗心就放到肚子里了。在她看来，她不用为刘宝桂的前途操心了。

等刘宝桂长到可以读书的年纪，姥姥便把他送进了私塾。虽然相面先生已经"预言"了刘宝桂的命运，但刘宝桂的姥姥觉得无论刘宝桂将来做什么，书是必须要读的。

刘宝桂青年时期形象复原像 / 赵闯 绘

有了文化，再学起手艺来，那学到的才是真正的手艺，要不到了底只能做个学徒。当然，刘宝桂能念私塾，是多亏了厚实的家底。那年月，可不是谁想念书就能念得上的。

就这样，刘宝桂成了私塾里的一名学生。

刘宝桂个子长得高高的，眉清目秀，又很好学，私塾先生很喜欢他。在私塾念书的那段日子里，刘宝桂过得很愉快。他念了很多书，学了不少知识，成了家里第一个读书人。转眼间，刘宝桂就长大了，到了要从私塾毕业的日子。姥姥年事已高，多年前那个相面先生的"预言"也随着时间的流逝跟很多事情一起被姥姥遗忘了。刘宝桂要开始谋划自己的生活了。

刘宝桂喜欢私塾，即便已经离开了，但是在私塾念书的日子不经意间就会钻到他的脑袋里。于是，他决定在私塾门口开始自己的谋生之路。一天，他带了些铜钱到市集上买了一点儿文房四宝，转天，便在私塾门口摆了一张桌子卖起来。此后的每一天，刘宝桂都是一大早就把文房四宝摆在私塾门口的摊位上，然后一直坐到天黑了才往家走。可是好些天过去了，他什么都没卖出去。

家里人让刘宝桂回铁匠铺学打铁的手艺，可刘宝桂不干，打定了主意要自己干一份买卖。其实，要在私塾念书，文房四宝少不了，刘宝桂卖的这些东西都是大家需要的。大家与其大费周章地到市集上买，倒不如就在私塾门口买了去，省时省力。刘宝桂的买卖做得实在，东西好，价钱也不贵。他每天就这样坚持着，没想到还真就开了张。此后，他这生意就越做越好，渐渐地在这一带还有了名气。刘宝桂不是那种容易满足的人，看着他的摊位一点点有了起色，便琢磨着多进些不同的货品。就这样，他平时卖文房四宝，到了年关的时候，就卖上了年画，这买卖也越做越好。

刘宝桂有了自己的第一份买卖，虽说不是相面先生说的点心果子，可是买卖做得不错。他赚了些钱，接着就娶了媳妇生了孩子，这日子就算过起来了。

闯关东

刘宝桂的日子刚刚安稳下来，就忽然赶上了时局变化。到处兵荒马乱，刘宝桂的生意一时间没法儿做了。为了糊口，他撇下妻儿独自前往东北，踏上了"闯关东"的险途。

从明清开始，一直到民国年间，关内的好多民众为了谋生前往关外，人们将此称为"闯关东"。在这些前往关外的百姓里，尤以山东和河北的百姓居多。这可不是一条坦途，不仅路途遥远，而且危险重重，所以才有了"闯"字一说。

刘宝桂算是非常幸运的，虽然受了些劳累之苦，但最终还是毫发无损地到达了东北。

在东北一落脚，刘宝桂就四处打听哪里有挣钱的活计，很快他就在一个财主家谋到了长工的活儿。刘宝桂在财主家负责推磨，这可是个体力活儿，之前他一点儿都没干过。可是为了养活家人，他勤勤恳恳地干着，一点儿怨言都没有。

背井离乡的日子过得很慢，刘宝桂思念着自己的媳妇和儿子，好不容易才过了头一年。

转眼，年底到了。财主请了人到家里写对联，为农历年做准备。刘宝桂看着这些文房四宝，又想起了过去的日子，心里有些不是滋味。他没急着去推磨，而是偷偷地站在一旁看着先生写字。随着笔尖在纸上轻轻地滑动，刘宝桂的心似乎也跟着回到家乡那熟悉的私塾门口。

刘宝桂看了一阵儿，忍不住喃喃自语："这字写得可不怎么好哇！"

刘宝桂以为自己是在小声地自言自语，没想到还是被一旁的财主听到了。这下他扫了大家的兴，财主有点儿恼怒地对他说道："你一个长工也懂写字？"

刘宝桂不卑不亢地回道："我还真懂一点儿。"

财主一听更生气了，叫人拿了纸和笔，让刘宝桂也写上一副对联，要让这嘴硬的长工长长记性。可没承想，"唰唰唰"几下的工夫，刘宝桂就写好了。财主一看，顿时吃了一惊，没想到这个推磨的长工竟然还有这么一手。自此之后，刘宝桂便不再推磨了，而是当起了财主家的账房先生，专门替财主记账。

不过，刘宝桂可不是一个甘心在财主家干一辈子的人，他的心里一直惦记着自己做生意。在财主家赚了一些钱以后，刘宝桂便从财主家离开了。他选好了一个地方，开了一家杂货铺。这杂货铺什么都卖，烟酒糖茶、针线菜刀、铁锨镐头，样样都有。刘宝桂又做起了生意，这才是他想要的日子。

只是，杂货铺并没有开太久。在刘宝桂看来，杂货铺只能算是一个过渡，他真正想干的是另一件事。他拿着开杂货铺攒下的钱，在一个叫"三棵树"的地方开起了饭店。

从此以后，刘宝桂成了刘掌柜，穿着皮袍，戴着皮帽。不管是店的伙计、厨师，还是来来往往的客人，都要对他喊上一声"刘掌柜的"，这让刘宝桂的心里美滋滋的。

刘宝桂爱做生意，也会做生意。他生性忠厚，做生意时最看重的一点就是实诚。他卖东西时，东西要好，价格要低；开饭店时，菜量要大，味道要好，价钱还不能贵。一来二去，街坊邻居都知道这里开了家好饭馆，刘宝桂的生意就这样做起来了。

这会儿离刘宝桂闯关东已经过了几个年头，但是踏上这条险途的人有增无减。大批生活困难的关内百姓拥到东北讨生活。可他们哪里知道，这里匪患严重。这帮土匪少则三五成群，多则数十成百，成天聚集在一起到处闹事，在这样的环境里讨生活又谈何容易。

刘宝桂的饭店经营得红红火火，这本来是件高兴的事情，可也正因为如此，他被那些土匪盯上了。他们三天两头地到店里白吃白喝，搅得刘宝桂没法做生意。

除了这帮土匪，还有一帮"兵油子"也缠上了刘宝桂。这些"兵油子"大多是闯关东来的，其中很多是刘宝桂的山东老乡。他们看刘宝桂的生意做得好，便托人找到他，让他帮忙做担保、交保金。那时候，只有有人肯为其做担保、缴纳保金，人们才能当上兵。刘宝桂待人真诚，看见老乡有求于他，便欣然答应下来。可谁知这些人不是真的想当兵，而是想去军队里领大洋。大洋一拿到手，这些人便纷纷逃出了兵营。这还了得！军队找不到逃兵，就只能找刘宝桂这个保人。这下，刘宝桂的保金一个子儿也拿不回来，全都赔了进去。

一下子损失了这么多钱，刘宝桂饭店的生意也就渐渐黄了。

回 乡

　　1923 年，刘宝桂回到阔别已久的山东临沂，结束了他闯关东的生活。虽然饭店最终是倒闭了，但是刘宝桂还是挣了些钱。回到临沂后，刘宝桂就用这些积蓄做起了买卖。这时候的刘宝桂经历了闯关东的风风雨雨，心气儿已经没有那么高了，就想做点儿简单的生意，和家里人安安稳稳地过日子，不想再折腾了。

　　刘宝桂在村里开了一家南北贸易货栈，这名头听起来挺大，但实际上也就是大一点儿的杂货铺。开杂货铺对刘宝桂来说是件轻车熟路的事情，不用费太多脑筋。刘宝桂选这条路本来是想偷个懒，但他并不知道这回的选择让他找到了自己真正的命运。从此以后，他就要跟点心紧紧地联系在一起了。

在那个年月，点心可不是家家都能吃得起的东西。只有到了节假日，人们才能买点儿点心，走走亲戚、串串门。除此之外，就是家里遇上大事的时候。例如：办婚事请厨师，要给厨师拿点心；生孩子请喜酒，要送点心；盖房子请木匠，得送点心；老人去世办丧礼，也得有点心。这样一来，点心即使不是大家的日常消费品，也成了不可或缺的东西。

刘宝桂的南北贸易货栈里就卖点心，但这点心不是他做的，而是离他们村 2 公里远的姜记点心铺做的。姜记点心铺的姜老板是个南方人，很会做点心。他这个点心铺已经开了很多年了，远近闻名，售卖的点心品种也很丰富，有中秋送的月饼、平时吃的桃酥、祭品糖人等。刘宝桂卖的点心都是从这里进的货。

姜记点心铺的姜老板不仅买卖做得好，人品也可靠，深得当地老百姓的信任。

姜老板住的这村子在沂河的西岸，村里靠近河岸的地方有很多沙土地，当地的百姓就在这沙土地里种花生。每年花生收获以后，很多人会把花生寄放到姜记点心铺，可以把花生兑换成点心、花生油或钱，让姜老板代卖花生。姜老板也不是直接卖花生，而是把花生运到新浦，这个地方就在现在的江苏连云港。他在那儿用这些花生换回从台湾运来的白砂糖，然后制作点心。这样一来，当地百姓的花生就相当于卖给了姜老板，他们不需要再找其他买家了，姜老板这一家就能把这些花生都给收了。

每年，姜老板都会亲自运这些花生到新浦去。有一年赶上生意特别忙，姜老板就让自己的弟弟去了新浦。从临沂到新浦有 100 多公里，来回也就一个星期的时间。但是，他弟弟一去就没了音信。姜老板左等右等不见弟弟回来，只好派人去找。结果他的手下找到他弟弟的时候，他弟弟喝得酩酊大醉，根本不知道自己身在哪里，而换回来的白砂糖也完全不知去向。

姜老板的点心铺虽然生意不错，但毕竟不是大买卖，哪能经得起这样的折腾。这一次事故让他损失惨重，他没钱付给那些寄存了花生的老百姓。姜老板自觉无颜面对那些信任他的百姓，便吃砒霜自杀了。

好端端的姜记点心铺就这样倒闭了。虽然点心不是日常生活的必需品，但是在关键的日子也少不了。姜记点心铺的倒闭，给当地百姓的生活还是带来了一些不便。当时十里八乡的乡亲们赶集，好多人说："这个买卖只有后明坡的刘掌柜能干起来！"村子里的百姓也劝刘宝桂，让他弄一个点心铺。大家都说这事儿只有他能干，毕竟他在东北开过大饭店。

　　刘宝桂是为了能过安稳的日子才开了杂货铺的。他是真的不想再弄其他复杂的生意了。回临沂后，有时候他睡觉还会梦到那些土匪和"兵油子"，他真是被他们弄怕了。可是刘宝桂再怎么不情愿，也架不住村子里的人天天来游说他。刘宝桂不是个好面子的人，但是个实诚人。他思来想去，觉得要是这点心铺开不了，乡亲们的生活可能真的会受影响，最终还是硬着头皮答应了下来。

就这样，1926 年，刘宝桂开起了长发祥果子铺。刘氏家族几代人的命运也从这一年开始跟点心紧紧地联系在一起。

长发祥果子铺

　　刘宝桂会做生意，但不会做点心。可要想把这长发祥果子铺开好，点心是第一位的，生意反倒是第二位的。刘宝桂先是找来了一个远房亲戚，可亲戚手艺不精，做出来的月饼总是不成型。他心里急得要命。

　　开这个点心铺不就是为了能做出好点心吗？可现在只能做出这样的点心来，刘宝桂打心里觉得愧对乡亲们。他开始四处打听好的点心师傅，也许是心诚则灵，没多久他还真就找到了。这位师傅叫段为新，是个南方人，做点心的手艺特别好，唯一的问题就是要求的工钱多了点儿，一年要15块大洋。要知道当时请一个长工一年才要1块大洋，但是刘宝桂没有犹豫，果断地请了他。对刘宝桂来说，多付一点儿工钱不重要，重要的是要做出像姜记点心铺那样，甚至比姜记点心铺还好吃的点心，别辜负了乡亲们对他的信任。

长发祥果子铺可以说一开张生意就很红火，天时地利人和都占了。但是，这不是说它没遇上过难事儿，只是难事儿都被刘宝桂妥善地解决了。

这难事儿之一就是他遇上了来闹事的土匪。唉，这就是刘宝桂当初不愿意开点心铺的原因，他是真不想再卷到这些乱七八糟的事儿里了。可是既然现在他答应了乡亲，点心铺也开起来了，那他也不是怕事儿的人，毕竟早些年在东北的时候，什么样的土匪他可都见过。所以，别的店铺怕这些土匪，刘宝桂可不怕，他从从容容地就把他们打发走了。

除了土匪，还有许多邻村的百姓来"闹事"。有一阵子店里忽然来了好多买点心不给钱的人，他们说家里的庄稼遭了旱，手里拿不出钱，硬是拿着称好的点心就要走。可店小二哪能依着这些欠账的顾客，于是双方你一嘴我一嘴地就在店里吵得不可开交。刘宝桂知道了这事儿，就告诉店小二不要为难这些人，让他们把点心拿走就好了，只是嘱咐他们等有了收成再来店里还钱。当时店小二气鼓鼓地给这些人包好了点心，心想他们就是一群不给钱的无赖。可没想到的是，等收了粮食，这些人还真把钱拿来了。

就这样，不仅长发祥果子铺以好点心在当地声名鹊起，刘宝桂也成了远近闻名的仗义的大掌柜。等长发祥果子铺开张十周年的时候，刘宝桂请来了戏班子，在村里热热闹闹地唱了十天戏。

长发祥果子铺红红火火的生意一直持续到了1938年。这一年，日军进犯临沂。刘宝桂只得将长发祥果子铺搬到山东省沂南县高里村，以躲避战乱。虽然点心铺被迫易地开张，但是点心铺的生意非但没受影响，反而将影响力扩大了，长发祥果子铺以"好吃"的点心而闻名十里八乡。

在沂南开了两年点心铺，等时局稍稳，刘宝桂就将长发祥果子铺搬回了临沂，毕竟他的家人都在临沂。

刘宝桂只有一个儿子，名叫刘步文。刘步文打小就在点心铺里跟着点心师傅学做点心，是个心灵手巧的孩子。刘宝桂没想到自己回到临沂，竟然做上了点心的买卖，这买卖还越做越大，就像自己原本就应该做点心买卖似的。长发祥果子铺经营得好，刘宝桂就有了把它传承下去的想法。他本想着等他年纪大了，就把点心铺交给儿子，可惜有一年刘步文在去集市上卖点心的时候，遇到了一伙强买强卖的国民党军官。刘步文在抗争中被对方暴打了一顿，自此之后精神就出了些问题。刘宝桂想要将点心铺传给儿子的想法看来是实现不了了。好在刘步文有三个儿子，其中大儿子刘传厚和三儿子刘传忠都是从小做点心，这家里的买卖总算是有人能继承了。

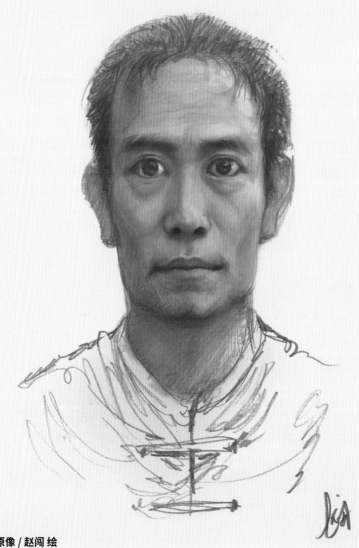

刘步文青年时期复原像 / 赵闯 绘

1949 年，中华人民共和国成立了。没了战乱，长发祥果子铺的生意也就更好了。刘宝桂就这样勤勤恳恳地经营着，时间到了 1954 年，这一年长发祥果子铺遇到重要的转折。

刘宝桂去世

　　1954 年，政务院通过了《公私合营工业企业暂行条例》，规定对资本主义工商业逐步完成社会主义改造。1956 年初，资本主义工商业的社会主义改造出现了全行业公私合营的高潮。

　　在这次改造浪潮中，长发祥果子铺被收归当地供销社所有。这意味着刘宝桂经营了一辈子的生意就这样结束了。刘宝桂原本是想把果子铺一代一代传下去的，但是现在既然国家出台了政策，国家要来管理，他觉得对于长发祥果子铺来说，这也是一个好的归宿。刘宝桂没什么遗憾的，他这一辈子干过的几桩买卖总算都干得不错。他做得问心无愧，对得起他的顾客。他没想到自己后半辈子会跟点心打交道，可他这不也做得挺好嘛！现在他老了，把长发祥果子铺的买卖也交出去了，他这一辈子与点心的缘分算是到头了。

　　长发祥果子铺收归了供销社，刘宝桂的孙子刘传厚和刘传忠也跟着到了供销社。刘传厚做了供销社的工人，刘传忠算是半工半农。但是，不管怎么样，他们俩在供销社里也还是继续做点心。刘宝桂不再过问点心的事了，可刘氏家族跟点心的缘分还没尽呢！

　　刘传厚和刘传忠从十几岁就开始学做点心，这不仅是他们的看家本领，也真是他们喜欢做的事儿。所以即便不能在自家的点心铺里做，但只要还能做点心，他们心里就

刘传厚

还是高兴。

刘传厚和刘传忠这兄弟俩有着截然不同的性格。老大刘传厚脾气好，不讲吃、不讲穿，一门心思就扑在做点心上，他的手艺可以说是家里最好的。老三刘传忠是个暴脾气，虽说做点心的手艺没有哥哥好，但是他教徒弟、管徒弟可有一套。不是都说严师出高徒吗？在供销社被刘传忠带出来的徒弟，那个个是精兵强将。

刘传厚和刘传忠凭借着做点心的手艺，在供销社工作得风生水起。可惜这安稳的日子没过上几年，就遇到了经济困难。那是中华人民共和国成立以来经济发展和群众生活最困难的时期，全国上下都勒紧了裤腰带生活，吃饱饭成了每个人最奢侈的梦想。

这艰难的时光将刘宝桂带走了。刘宝桂的人生走向终结的那天，儿子刘步文并不在家，没能见上父亲的最后一面。

刘传厚和刘传忠跟着家里人安葬了爷爷。他们在失去亲人的同时，也失去了自己热爱的工作——人们连填饱肚子的粮食都没有了，还拿什么来做点心呢？刘传厚和刘传忠不得已离开了供销社，进入食堂工作。

粮站和食品厂的技术指导员

　　1978 年 12 月，党的十一届三中全会召开，作出把党和国家的工作中心转移到经济建设上来、实行改革开放的历史性决策。霎时间，改革的春风吹遍了神州大地。各行各业的经济都在快速复苏，刘传厚和刘传忠那时候还没意识到一个巨大的机会已经来到他们面前。

1981 年，刘传厚和刘传忠被调到了当地的粮站，在粮站里做点心。

　　当时，粮站是遍布全国各地的一种经营场所。1953 年，国家根据需要，决定对粮食实行计划收购和计划供应，也就是统购统销，那时候就由各地的粮站肩负起了这项重任。

很长一段时间里，人们都按照分配的指标到粮站购买粮食。但是，改革开放以后，粮食回归到交易市场，大家不再需要到粮站购买粮食了。油、调味品等物品成了粮站出售的主要商品。除此之外，随着人们的生活条件得到改善，人们对点心的需求又有了极大的回升，粮站因为有着充裕的做点心的原料，便也谋划着开始制作点心来售卖。

要想做点心，就得找点心师傅。但是，经过了公私合营，原来那些点心铺子早已经不在了。后来又遇到了经济困难，人们做点心的机会越来越少，会做点心的师傅也是凤毛麟角。不过，临沂当地年纪大点儿的人都还记得长发祥果子铺，记得刘宝桂，自然也就想到了刘传厚和刘传忠。于是，粮站找到正在食堂工作的兄弟俩，想让他们来做点心。这些年兄弟俩虽然没碰点心，但这心里想的全都是点心的事儿。没想到这下子终于能如愿了，他们一口答应了下来。

可是，当时临沂的粮站可不是只有一家，家家都要做点心，都想请兄弟俩去。要是光靠他们两个人自己做，肯定满足不了需求，这些粮站就索性请刘传厚和刘传忠去做技术指导员，这样他们就能把手艺传授给更多的人，为各

刘传忠

粮站培养制作糕点的人才。当时请了两兄弟去做指导的不仅有粮站，还有临沂的食品厂。特别是刘传厚，临沂的各大食品厂都请他去做过技术指导。两个人忙活着做点心的日子又开始了。

刘传厚不仅会做点心，还会制作做点心的烤炉。这烤炉本身没什么稀奇的，都是用一些耐火材料做的，但是把烤点心的这个烤炉做好，可不是一门简单的手艺。不同的人做出来的烤炉有很大的差别，而不同的烤炉烤出来的点心也不一样。烤炉的好坏直接关系到烤出来的点心好不好吃。除了做烤炉，刘传厚还会支做点心的锅。这也是一门独特的手艺，锅支得好不好，直接决定了它的使用效率。刘传厚带着几个徒弟，一边到粮站和食品厂给大家传授做点心的手艺，一边帮着大家做烤炉、支锅。他脾气好，走到哪儿都只顾着埋头干活，从不跟人发生争执。他也不讲究吃饭喝酒。一般情况下，给人家做了活计，人家都要好酒好菜地招待，但刘传厚都委婉地拒绝了。因为这个，他的徒弟跟他生了好些闷气，有一些徒弟甚至为了这个不再跟着他干了。不过，刘传厚也不在意。反正他干活向来是

　　1980 年，秋香食品第四代传人刘继恩（左一）小学毕业，与其老师张风清（右一）、同学张振强（中）合影留念。

亲力亲为，徒弟平时能干多少就干多少，能做到什么程度就做到什么程度，他从来不强求。徒弟们达不到要求的地方，他最后都会自己干好。

刘传忠和刘传厚完全不一样。他生性耿直，脾气火暴。刘传忠做点心的手艺不如刘传厚，但是刘传忠很有做买卖的头脑。

刘传忠管理徒弟很有一套，收徒弟也不是谁来都收。有一次，当地邮电局局长想让女儿跟着他学做点心，便带了鸡和酒给他送礼，可被他硬生生地拒绝了。刘传忠觉得对方家里条件好，在哪儿都能找到个不错的工作，所以就没答应。他能带的徒弟数量有限，他想把徒弟的空位留给那些生活困难的、要挣钱养家的人，就比如他本村的一个大叔。大叔家里孩子多，比较穷。大叔之前在生产队上干活，有时一天只能挣 7 毛钱。刘传忠开始做点心后，就把大叔叫来跟自己学做点心，这样大叔就能多挣点儿钱，补贴家用。刘传忠跟爷爷刘宝桂一样，实诚仗义，心里想的都是村里那些生活困难的人。

刘传忠有 4 个儿子。按照当时的政策，如果父亲是工

　　1980年，秋香食品第四代传人刘继恩（第三排左三）小学毕业，与同班同学合影留念。

人，那么至少有一个儿子可以接替父亲的班，也去当个工人。在当时，成为一名工人可是人人都羡慕的事情。可惜刘传忠是"半工半农"（当地人也称"亦工亦农"）的身份，家里哪个儿子都没法儿接班。妻子想让刘传忠去找找粮站的领导，把他的身份改一改，为儿子谋个出路，可是刘传忠说什么也不去跟领导求这个情。为此，他没少被妻子抱怨。

但是，正因为刘传忠的这个性格，他的儿子没当上工人，才有了后来大名鼎鼎的"秋香月饼"。不过，这是后话了。

　　1992年4月，秋香食品第四代传人刘继恩在北关糕点厂内举办婚礼后，与母亲姜荣丽（左一）、父亲刘传忠（左三）、妻子张文艳（右二）及侄子、侄女们合影留念。

北关糕点厂

从 1985 年到 1989 年，刘传忠一直在临沂第十粮站做点心。这么多年来，他心里想的不只是他的家、他的孩子。他总是希望能有更多的亲戚和乡亲通过他这个手艺，把日子给过好。

1989 年，刘传忠遇到人生中一个非常重要的转折点。当时，临沂市有一家北关糕点厂，老板叫李士勇。北关糕点厂虽然开了很多年，但是经营情况一直不好，李士勇苦苦撑到 1989 年，终于还是经营不下去了。李士勇有一个哥哥，正好在粮站里做点心，是刘传忠的同事，对刘传忠的人品和能力都很了解。李士勇的工厂陷入危机之后，李士勇的哥哥第一个想到的就是刘传忠，想让刘传忠承包这个工厂。

　　承包糕点厂可不像做点心那么简单。虽然当时人们的生活条件好了点儿，但是要花这么多钱接手一个经营不善的工厂，大部分人可能会犹豫。但是，刘传忠没有犹豫。他敏锐地觉察到这是一个改变命运的机会。在这一点上，他的确和爷爷刘宝桂非常像——胆子大，有魄力，也有能力。于是，1989 年，刘传忠承包了北关糕点厂，正式从一位点心师傅变成工厂老板。

　　北关糕点厂是因为经营不下去才被转让的，刘传忠接手以后首先要考虑的就是怎样让糕点厂盈利，毕竟糕点厂里还有好多工人，他们都要养家糊口。当时刘传忠注意

1992 年，北关糕点厂部分职工合影。

1994 年，北关糕点厂全体职工合影。

到一个问题：虽然人们对点心的需求量比过去多了很多，但是销量最大的时候还是中秋节、春节这样固定的节假日，平时的销量是非常有限的。如果糕点厂一年四季都靠卖点心为生，自然是入不敷出。于是刘传忠做了一个大胆的决定：只在中秋节、春节等几个节假日做点心，平时糕点厂就卖棕榈油，这样一下子就能节省很多成本。棕榈油在当时是一种非常畅销的商品，很多饭店、食品厂需要棕榈油。棕榈油本来在各地的粮站都能买到，但粮站都是整桶整桶卖，一桶 360 斤，这个量对一些小商贩来说太大了。所以刘传忠就开了卖散装棕榈油的业务，顾客需要多少就卖多少，一下子方便了很多小商户。

刘传忠只用一年的时间就让北关糕点厂扭亏为盈。1990 年，北关糕点厂盈利约 1.5 万元，其中卖棕榈油盈利约 8000 元，卖点心盈利约 7000 元。

传　承

　　从 1989 年承包北关糕点厂到 1992 年，刘传忠辛辛苦苦地干了 3 年。这 3 年，北关糕点厂的生意做得红红火火。可是这时候刘传忠犯了愁。眼看着自己年纪大了，他就想找个接班人，可家里 4 个儿子没有一个愿意接手糕点厂。

　　刘传忠家里这 4 个儿子都继承了他经营的天赋，各个是做生意的好手。老大开了一家挂历装订厂，生意红红火火，光存款就有四五十万元；老二开了一家冶炼厂，存款也得有三十万元；老三不做生意，但是在银行管贷款，也跟钱打交道，工作做得很好。这三兄弟哪个也不想管糕点厂，因为和他们的工作比起来，管理糕点厂真是又累又不赚钱。刘传忠看来看去，只能把目光锁定在老四刘继恩身上。

刘继恩打小就在粮站跟着大伯刘传厚和父亲刘传忠学做点心，很有做点心的天赋。刚开始，刘继恩还不会特别复杂的工序，就负责把月饼按扁、称重。每次称月饼之前，他都会用手掂量掂量，感受那个重量。一个月以后，刘继恩的手就跟秤一样准了，一个月饼放在他手上称一称，他报出来的重量基本一钱不多、一钱不少。

刘继恩在粮站如鱼得水，不仅做点心的手艺学得很快，和同伴们的关系也处得好。每次父亲刘传忠批评他的同伴哪里做得不好的时候，他心里就觉得不大舒服，好像父亲在批评自己一样。为此，在粮站的时候，他没少和父亲顶嘴。但是有一条，刘继恩从来没有因为父亲在粮站里是个领导而偷过一天懒。但凡他自己要做的事情，他一定会认认真真地做好。

正因为刘继恩有做点心的天赋，所以刘传忠想要把糕点厂交给他，但刘继恩打心眼儿里不愿意。这头一个原因就是刘传忠脾气太火暴了，刘继恩要是接手了糕点厂，跟父亲起冲突的时候一定少不了。第二个原因是刘继恩不光会做点心——他其实也像哥哥们一样，是做生意的好手。

刘继恩

1982 年，刘继恩 14 岁。放暑假和寒假的时候，他就在粮站帮父亲盖点心上的红印章，但是到了过年的时候，粮站放假了，他就进些年画在集市上卖。当时他的大哥已经有过卖年画的经历了，所以刘继恩也是跟着大哥照猫画虎学的。可没承想，他卖年画卖得顺利极了，很快就做成了自己人生中的第一笔生意。也是在那时候，他第一次有了一种强烈的感觉，觉得自己可能像曾祖父刘宝桂一样是块做生意的料。刘宝桂之前在私塾门口卖文房四宝，到了过年也会卖些年画。没想到，这么多年之后，这生意竟然又被他的重孙子们捡了起来。这冥冥之中似乎预示着些什么。

　　1983 年，刘继恩初中毕业了，就将卖年画变成自己正式的工作。刘传忠对儿子刘继恩的能力心里头是有数的，刘继恩从小就是孩子王，做事认真，为人善良，所以当刘继恩跟他讨要投资款来做生意的时候，刘传忠一点儿都没犹豫。他把那一整年存的 150 元都拿给了刘继恩，然后又卖了家里的一头猪，换了 110 元，这样总共 260 元就成了刘继恩进年画的本钱。那一年过年，刘继恩通过在集市上卖年画不仅把本钱全还给了父亲，还赚了 260 元。

后来，刘继恩卖年画的生意越做越大。1989 年，刘继恩和二哥到天津杨柳青画社批发年画，一次就批了两个火车皮外加两辆大货车的年画，可想而知他的生意规模得有多大。仅 1989 年和 1990 年两年，刘继恩和二哥靠卖年画就挣了 20 多万元。

于是，当 1992 年父亲刘传忠提出想要退休，把糕点厂交给他时，他的心里是抗拒的。毕竟他的生意做得好好的，干吗要去接这摊子又累赚钱又不多的买卖呢？可是刘继恩最终还是没忍心拒绝，因为他看到站在晨光里的父亲，头发都白了。

刘继恩答应了下来。此时的他只是出于孝心，并不知道这其实才是他的命运。

秋香来了

刘继恩接手北关糕点厂以后，并没有将主要精力放在做点心上，而是继续以卖棕榈油为主要业务。毕竟相对于做点心，卖棕榈油是个既轻松又赚钱的买卖。不过相比父亲刘传忠，刘继恩胆子更大，脚步也迈得更快。当时，为了能以更低的价格买到更多的棕榈油，他不仅经常到省内的日照、烟台去谈合作，还会去石家庄、天津甚至厦门谈生意。在这期间，刘继恩认识了很多实实在在的生意人，其中临沂市粮油食品公司的老板刘承华对他的影响最大。在他们俩打交道的过程中，刘继恩更加体会到规规矩矩地做生意有多重要。这成了他的一条准则，一直到后来他的生意做得很大的时候，他也一直坚持着。

在刘继恩的经营下，北关糕点厂在 1993 年就盈利约 14 万元，远远超过父亲对他的期望。

1993 年年底，快到春节了，各个食品厂都开始做点心。刘继恩也组织北关糕点厂的工人们开始制作点心。他们每年做点心的时间是有限的，大都集中在中秋节前、春节前这样的日子，好赶上过节期间人们的需求。那时候在北关糕点厂的南面有一个磨面坊，磨面坊门口每天都摆有两张席子，席子上晒着点心渣子，刘继恩每次从工厂出来路过磨面坊的时候都能看见。有一天，刘继恩实在忍不住了，就好奇地问磨面坊的工人："你们收集这些点心的碎渣子要做什么用？"

一个工人说道："加上些冰糖，再加点儿红丝绿丝，不就是冰糖月饼嘛！"

刘继恩一听，顿时吃了一惊："这不是骗人吗？这月饼怎么能吃哩？"

可是磨面坊的工人一点儿也不惊讶，平静地说道："别家都是这么做的，也是这么卖的。咋不能吃？"

刘继恩听了之后心里很不是滋味。他也是开糕点厂的，虽然一年里做糕点、卖糕点的时间不多，可是但凡要做，他还是像大伯刘传厚、父亲刘传忠在粮站教给他的那样，用好原料、好手艺，老老实实地做。他不知道市面上的很多糕点是这样做出来的，老百姓花钱买到的竟然是糊弄出来的根本不能吃的糕点。

这件事情让刘继恩很痛心，但他也没办法。他能管得了自己，还能管得了别人吗？

过完了春节，刘继恩又带着员工继续卖棕榈油，厂里要大规模做点心得等到中秋节前夕了。离 1994 年的中秋节还有一个多月的时候，有一天刘继恩的舅舅姜荣祺到家里做客。看着弟弟来了，刘继恩的母亲热情地从柜子里拿出一包月饼招待弟弟，可是一打开包装，她就发现这月饼竟然发霉了。

刘继恩就问母亲："这是在哪儿买的月饼？怎么中秋节还没到就坏了？"

母亲回道："就是在商店随便买的。"

刘继恩觉得有点儿难堪。他就是开糕点厂的，但是母亲竟然吃不上自己家工厂做的月饼。

这时候，母亲又重新拿了一包，这包月饼总算没有发霉。可舅舅接过月饼吃了一口，就叹了口气："唉，再也吃不到你老爷爷那时候的月饼了。"

坐在一旁的刘继恩心里五味杂陈。他想：这都改革开放奔小康了，人们的生活过得好了，怎么吃的月饼却不如从前了？刘继恩又想到糕点厂附近那个磨面坊门口的点心渣子，再看看舅舅手里拿着的月饼，不知道这月饼是不是那种假月饼。刘继恩也在心里重重地叹了口气。

接下来的一个月，刘继恩比往年更卖力地指挥厂里的工人做月饼。中秋节还没到，他们的月饼就全都卖完了。很多顾客说他们就等着北关糕点厂的月饼，可是这厂里一年就做这么多月饼，根本经不住卖，买得晚了就买不到了。

过完中秋节，刘继恩没有像往年那样马上投入棕榈油的售卖中。他心里萌生了一个念头：好好地做月饼、做点心，让临沂的百姓都能吃上好月饼、好点心，做的月饼、点心要像他大伯和父亲那时候做的一样，也要像他曾祖父刘宝桂卖的一样。他们老刘家做的月饼点心，那可是从祖上那几辈就出了名的好吃。北关糕点厂卖棕榈油是能挣些钱，可刘继恩思来想去，觉得这点心的买卖似乎才是他们老刘家的根儿。家里人不是都说在这几辈人里，他和曾祖父刘宝桂是最像的吗？那他这一辈子就不能光是为了挣点儿钱。他得把家族的手艺传承下去。

刘传忠从李士勇手里承包北关糕点厂的时候，是按照一年一承包的方式接手的。到了刘继恩这里，双方的合作方式也没有变。刘继恩下定决心，想要好好地做月饼，那首先要改变的必须是双方的合作模式。刘继恩希望一下子承包十年,这样他就能投资更好的设备,做出更好吃的月饼。

但是糕点厂有自己的考量，刘继恩和糕点厂怎么谈他们都不同意。

刘继恩想了几个晚上，然后做出了一个重大的决定：他要自己建厂，做一个属于自己的月饼品牌。

刘继恩是一个特别果敢的人，有了想法，马上就会实施。

1995 年，刘继恩结束了和北关糕点厂的承包合同。他租下了 5 亩地，建起了福临门食品有限公司。1996 年，刘继恩想将自己的月饼品牌名字注册为"长发祥"，这是他的曾祖父刘宝桂创立的品牌。但是，因为当时天津已经有一个叫"桂发祥"的品牌，这两个品牌的名字相似度太高了，所以"长发祥"没有注册成功。刘继恩冥思苦想了大半年，一直到那年秋天，品牌名字还没有着落。就在快要过中秋节的时候，他的灵感忽然冒了出来：大家不都在中秋节吃月饼吗？这时候也是很多瓜果蔬菜收获的季节，田野里到处都飘着香气，那干脆就叫秋香好了。1997 年，秋香的品牌正式注册了下来。真是"踏破铁鞋无觅处，得来全不费工夫"。

刘继恩创办的福临门食品有限公司大门（1997 年）

秋香家训

    在秋香这个品牌注册下来之前，刘继恩的福临门食品有限公司就已经开张营业了。1996 年中秋节，对刘继恩来说有着特殊的意义。这是完全属于他的公司成立后的第一个中秋节，也是他们公司生产的月饼第一次与顾客见面。这年中秋节，刘继恩亲自上阵，和妻子一起在公司门口摆摊卖起了月饼。

    在离中秋节还有十来天的时候，有一个老大爷挑着筐头来到刘继恩的月饼摊儿前。他放下筐头，一边擦汗，一边上下打量刘继恩，看了半晌才问道："你是宝桂的重孙子？"

    刘继恩点了点头，脑袋里快速回忆着村里的老人，可

1997 年，秋香食品第四代传人刘继恩（右一）给乡村小学捐赠希望书库。

怎么也想不起眼前这位大爷是谁。

老大爷接着说道："你卖月饼可不能像别人开饭店那样，你不能砸了宝桂的招牌。"

刘继恩听得一头雾水，问老大爷："大爷，您这话是啥意思？"

老大爷顿了一下，说道："你去饭店里吃饭有没有注意到，那些个饭店里的饭菜刚开始的时候味道都很好，分量足，价格便宜，服务也好。但是它们开着开着就变了味儿，有的不好好做菜了，味道不好了；有的价格不变，可一盘子的菜量越来越少了；有的就是抬价，越卖越贵，饭菜倒还是以前的量。这些饭店，他们不务正业，离关门也就不远了。"

老大爷说完，也歇好了，挑起筐头就走了，留下刘继恩一脸错愕。

后来有一段时间，刘继恩总是会不自觉地观察周围的那些饭店，然后发现还真像大爷说的那样。有一家卖水煎包的包子铺让刘继恩感触最深，因为他早些年卖年画的时候就总在这家包子铺吃包子。那会儿店里的包子皮薄馅儿

酥皮月饼

临沂福临门
食品有限公司
LINYI FULINMEN SHIPIN
YOUXIANGONGSI

秋香月饼

花香饼香是秋香，
月圆饼圆人团圆。

秋香月饼主要以酥皮类为主，它采用精粉、花生油和各种馅料制作而成。制作上采用传统的小包酥工艺，层次分明，香酥可口，令人回味留香。秋香广式月饼采用水果等化糖精致而成，皮薄馅靓，口味纯正。

广式月饼

2002 年，临沂市烹饪学会和临沂市旅游局策划《沂蒙美食》画册，推荐秋香月饼。

多，包子的个头也大，吃的人很多。但是现在他再去吃，老板还是原来的老板，但包子不是原来的包子了，皮又厚，馅儿又少，口感差了很多，客人也少了很多。

老大爷跟刘继恩说那番话的时候，刘继恩只觉得老大爷说得对，在那个时候他并不觉得这和自己有什么关系。但是随着时间的流逝，他越发觉得老大爷的这番话真是让他醍醐灌顶。

在刘继恩经营北关糕点厂的时候，他就知道月饼这个行业是存在很多"假货"的。月饼行业内部有句俗话：卖的不吃，吃的不买。这几乎成了月饼行业人人都知道的"规则"。人们就觉得这月饼本身都是拿来送礼的，买了就是要送出去的，没有人会为了自己吃来买月饼，所以这月饼不用做得特别好吃，原料能省就省，分量能少就少，但装月饼的盒子能大就大，只要撑起门面就可以。你看，一到中秋节，满大街骑自行车的人，他们的车把上挂着的月饼盒子总是轻飘飘的，荡来荡去。这是因为月饼的包装盒太大了，里面的月饼又太少。

现在，刘继恩要做自己的秋香月饼，绝不允许自己也走上这条路。他要用好原料，用好手艺，做好月饼。他要让秋香月饼不仅成为送礼的佳品，还成为好吃的食品。这一点他的曾祖父在开长发祥果子铺的时候就已经在坚守了，他绝不会把祖辈坚持下来的好东西给轻易丢掉。

为了让这样的信念深入每个员工的心，刘继恩把家训印在了每一块月饼的纸托盒上：

做买卖要舍得用好料

招来吃主不请会自到

讲究更好无虚假取巧

做人做事要做万年牢

他要让每一位吃到秋香月饼的顾客都能放心吃，同时也让每一位顾客做他的监督员。当时，安装电话刚刚兴起不久，刘继恩花了 6000 元在公司装上了电话，并且把电话号码印在了月饼的包装上。他对自己的产品信心十足，完全不怕有顾客因为质量问题打电话来投诉。

现在，即使过了几十年，刘继恩依旧把当初的电话号码牢记在心。这也是他坚持自己信念的一种写照。

20 世纪 90 年代的秋香月饼包装展开图

坚持传统
但也反传统

从刘宝桂开始，到刘传厚、刘传忠，再到刘继恩，刘家几代人传承下来的不仅是诚实厚道的人品、不弄虚作假的经营之道，还有最为关键的手艺——小包酥工艺。这个传统工艺从刘宝桂开长发祥果子铺的时候就已经开始使用了，一直到刘继恩创办秋香，还在沿用。也正是这道工艺，使得刘氏家族做出来的月饼能从市面上那么多的月饼中脱颖而出。

对传统的坚守是刘继恩的信念之一，但是这样的坚守不是对传统的照搬。他们在坚守传统的同时，也懂得要"反传统"。

例如：做月饼需要炒馅儿，糕点厂开了那么久，从来都是工人用铁锅来炒。但是，这样一来就有一个问题，馅料的质量没办法每次都保持同样的水准，有时候工人炒出来的馅料会煳。馅儿一煳就发苦，包在月饼里肯定就不好吃了。为了解决这个问题，刘继恩开始不断地从书本上学习新的知识和新的技术，以改善传统工艺中出现的问题。最终，他选用了锅炉，并且用夹层锅来进行馅料的炒制，不仅使产品质量能够保持稳定的水平，也让员工的工作环境有了很大的改善。对于刚刚创立的秋香来说，这是一次非常重要的变革，也是刘继恩坚持传统又反传统的一个典型案例。

关于炒馅料，还有一件很有意思的事情。在传统的月饼制作中，大家都是用炸过点心的油来炒制馅料的，这样可以节省不少成本。但是，当时刘继恩在《中国食品报》上看到了一篇报道，里面提到炸过食品的油是不能重复利用的，因为里面含有致癌物质。自此之后，刘继恩就明令禁止自己的工厂用炸点心的油来炒制馅料，全部更换成新油来炒。当时，刘继恩的父亲刘传忠知道了这件事情以后，非常不理解。

"多少年来做月饼都是用炸点心的油来炒馅儿，我没见过谁家因为这个吃死了人，怎么到你这儿就不行了？！"刘传忠暴脾气上来了，气呼呼地教训刘继恩。

但是，刘继恩没有因为父亲发脾气就让步。在这样的原则性问题上，他一定要坚守自己的标准。于是他理直气壮地回道："我说不能用就不能用！

你要是让工人加这个油，我就去告你！"

这可把刘传忠惹恼了。他随手拿起一个马扎就要打儿子。

不过不管父亲的脾气多么暴，也不管这个传统是不是已经沿用了很多年，刘继恩既然发现了问题，就绝不会让问题继续存在下去。

就算是刘氏家族传承下来的小包酥工艺，也并不是没有需要改进的地方。经过刘继恩的研发，小包酥工艺在保证口感不变的情况下，比从前使用更少的油和糖，更加符合现代人对健康的需求。不仅如此，小包酥工艺在后续的发展中，已经完全从人工转向机器。这对秋香来说是一个巨大的挑战。

小包酥工艺原本在刘氏家族的传承方式就是人传人，对人的依赖性是非常大的。举个简单的例子：虽然刘传忠和刘继恩都是刘氏家族小包酥工艺的传承人，但是刘继恩对这门手艺的掌握程度就比父亲刘传忠要好。然而，现在已经不是开点心铺的时代了，产品制造规模上来了，如果全靠人工，不仅需要的工人数量很多，而且还需要每一位工人都对这门工艺掌握到炉火纯青的地步，才能够确保最终的产品质量，这几乎是无法实现的。因此，在办企业的过程中，刘继恩一直在琢磨用机器代替人工，实现小包酥工艺的自动化目标。

刘继恩曾经费了不少功夫，找到一个生产这种机器的厂家，可他把机器买回来用过之后发现，这机器和他们人工做出来的差异太大了，完全达不到他的要求。但是刘继恩没有放弃，开始仔细地研究机器，分析问题出在什么地方，然后再一点儿一点儿地对机器进行调试。这个过程持续了两年之久。功夫不负有心人，最终刘继恩将机器调试到了近乎完美的地步，用它实现的小包酥工艺能比得上工厂里手艺最好的师傅。刘继恩也成了最懂这台机器的人，后来生产机器的厂家将机器卖给别的顾客时，还请刘继恩帮他们调试。

当然，关于小包酥工艺的自动化之路并不是秋香成立之初的事情，在这里提起这件事情，也是从另一方面证明刘继恩对传统的坚守和改进是一个漫长而持续的过程，一直到今天，他还在坚持这样做。

四季的月饼

　　以"做好吃的月饼"为目标的秋香食品，很快就得到了市场的认可。

　　1998 年，秋香食品推出临沂市第一个月饼礼箱，受到市场的极大认可。这样的创新灵感源于顾客对秋香月饼的喜欢。

　　当时，刘继恩总是在卖月饼的地方听到顾客问售货员"我买哪一种口味好""哪种口味的月饼好吃""我不知道这些口味的区别"等诸如此类的问题。刘继恩就想：为什么不把秋香所有口味的月饼装在一个包装盒里呢？这样大家就不用纠结，一次能吃到很多口味。现在听起来，这样的想法并没有什么超前之处，但是在 1998 年，市场上并没有这样包装的月饼，月饼要么是散称的，要么是包装在一个小纸盒里。于是，刘继恩推出秋香"全家福"月饼礼箱后，礼箱立刻受到顾客的喜欢。

秋香月饼的成功不仅在于包装形式，还在于打破了"月饼只是礼品"的概念。对于当地人来说，秋香月饼不是只有中秋节才会吃的食物，而是平时都可以吃的点心。秋香的月饼是常年在卖的，而非只有中秋节才卖。刘继恩当初要让月饼从礼品变成食品的目标算是实现了。

进入二十一世纪第二个十年，随着人们习惯将月饼当作礼品赠送的消费观念改变，勤俭节约的优良传统不断发扬，在中秋节赠送月饼的人逐渐变少。起初，全国的月饼行业都受到影响，但是秋香月饼逆风而行，公司销售额实现约 15% 的增长。这充分说明，秋香月饼已经不再是礼品，而是人们日常生活所需的食品。

突如其来的打击

　　秋香食品的发展并非一帆风顺。2015 年，秋香食品遇到前所未有的困难。

　　那一年，秋香食品开发了一款名叫"家住临沂"的月饼礼盒和礼箱，希望在外求学或工作的年轻人能在中秋节回到临沂，跟家人团聚。当时在研发这款产品的时候，公司的技术人员想用上两款有临沂特色的新的馅料，一款是香椿，一款是银杏。这两种原料都是临沂的特产，用它们制作月饼也很符合"家住临沂"这款产品的特色。

　　这两种馅儿之前都没有产品用过，是全新的尝试。为了稳妥，当时的生产总监决定，在馅料里多放一种防腐剂。

结果，2015 年中秋节前夕，国家食品药品监督管理总局在临沂麦德龙超市进行抽查的时候，发现这两款月饼的防腐剂超标。当时连中央电视台都对这一检查结果进行了报道。

一时间，不光是秋香食品，整个临沂市食品系统都发生了不小的"地震"。因为食品安全没有小事，它关系着每一个百姓的生命安全和身体健康。当时临沂市食品药品监督管理局的领导立刻在临沂各处市场和商铺展开了调查。

中秋节马上就要到了，他们生怕会出大乱子。好在调查人员发现，除了香椿月饼和银杏月饼这两个新品，秋香食品的月饼都是安全的，符合国家食品安全要求。因为这两款月饼是新品，卖出去的本来也不多，大部分还在仓库里。

　　整个调查结束以后，刘继恩忙着下架有问题的两款产品，追回销售出去的产品，尽量让消费者的损失降到最低。让刘继恩感动的是，当时临沂市食品药品监督管理局的领导找到刘继恩，对他说："秋香不是你们家族的秋香，是咱临沂的秋香。我们抽查了，其他月饼确实没问题。那我们就顶着压力，明天我们会在报纸上登一篇通讯，把这个结果告诉消费者，让他们可以放心购买秋香的其他月饼。消费者信任你们，我们也信任你们，你们一定要好好做，有问题就好好改。"刘继恩的眼泪"唰"的一下就流了下来。在这种情况下，相关部门还能信任他们，能承受着巨大的压力支持他们，为他们说话，这也说明秋香食品成立将近20年来，的的确确是守规矩的，是诚实经营的，没有做过任何欺骗消费者的事情。

　　这是秋香食品成立以来遇到的最大的困难。公司的一位高管曾经担忧地对刘继恩说，食品企业遇到这样的问题，几乎就等于宣告死亡了，很少有企业还能从这样的困境中再站起来。刘继恩不信这个邪。他们的确犯了错，但是他们也会尽一切努力改正错误。刘继恩没有怕，也没有躲避。他当即决定减少当年的产量，用大量的时间进行整改。他请来了食品安全专家，让全公司的人都开始学习《中华人民共和国食品安全法》。对于刘继恩来说，这也算是因祸得福了，因为从这一刻开始，不光是他自己，公司的全体员工都在重视食品安全。他们知道这是生死攸关的大事，一旦有任何疏忽，公司就可能会倒闭，他们就会失去工作。

这一年，公司少卖了 300 万元的产品，但是，对于刘继恩来说，他收获了很多很多。

放弃还是坚持

　　媒体每天都有新鲜的事情需要报道，秋香食品添加剂超标事件的热度很快就降了下来。但是，对于刘继恩来说，这是他需要记一辈子的事情。他得记住他最初做秋香食品时那颗充满敬畏和感恩的心，得记住消费者对秋香的信任。从那天起，刘继恩做产品就有了一种还债的心态。他说："秋香出了这么大的事儿，老百姓还愿意相信咱，那咱不就是欠了老百姓的债吗？所以我们只能做出更好的产品来给老百姓还债。"

　　刘继恩这话可不是说说而已，对公司的每一个生产环节他都开始更加严格地把控。他们曾经做了一款玫瑰馅儿的月饼，最开始公司用的是 5000 元一吨的玫瑰，但是后来刘继恩听说四川眉山的玫瑰比公司用的玫瑰好，只是价格要贵一些，要 8000 多元一吨。刘继恩一点儿都没犹豫，立刻让公司换了更好的原料。又过了一段时间，公司又更换了更好一些的产自云南的玫瑰。虽然这种玫瑰在价格最高的时候要 15000 元一吨，但是秋香的玫瑰月饼最终还是选用了这种玫瑰。

想要做出好吃的月饼，首先是原料要好，原料如果达不到要求，后续做的一切都是白费功夫。这是刘继恩一开始做点心就明白的道理，现在他依然这么认为。

2015 年 10 月 1 日，被称为"史上最严的食品安全法"的《中华人民共和国食品安全法》正式实施。新的法规从原来的 104 条增加至 154 条，新增内容 50 条，约 70% 的条文进行了实质性修订，融入了很多重要的理念、制度、机制和方式。这部号称"史上最严的食品安全法"从食品的生产、加工、运输、监管、流通、维权等各个环节对中国食品安全进行把控。

　　这部食品安全法的实施，在食品领域里引起极大的震荡，月饼行业当然也受到很大的影响。当时，秋香食品上上下下都在仔细研读相关的法律规定，生怕他们生产中的某个环节会违反法律的规定。毕竟公司才刚刚经历了添加剂超标事件，他们不能再出任何差错了。然而，新的食品安全法对微生物超级严格的规定，让大家都犯了难。

　　当时秋香食品在做果仁馅儿的月饼时，会用到一种叫蒸熟面的工艺，就是将面粉蒸熟，蒸完后放凉、粉碎，再与油、糖和果仁搅拌在一起，最后做成馅儿。蒸熟面这个工艺算得上是月饼生产中最累的工序，因为工人要在温度极高的蒸房里工作，工作环境差，工作强度又大，工人们都非常不容易。很多月饼厂已经放弃这个工艺，改为使用烤制熟面的工艺来做果仁月饼，可这样一来，月饼就不如传统工

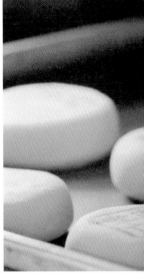
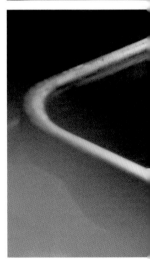

艺做出来的好吃。秋香食品坚持使用这道传统的工艺，为的就是做出最好吃的果仁月饼。但是，新的食品安全法出台后，这道工艺遇到前所未有的挑战。因为如果按照过去的标准，在这道工艺实施的过程中，微生物是能够控制在标准范围内的，但是依照新的法规对微生物的控制标准，蒸熟面的过程很容易造成微生物超标。

当时，公司里的技术总监劝刘继恩放弃蒸熟面工艺，改用其他月饼厂的烤制工艺，这样不仅能轻松地控制微生物的量，还能降低成本。反正市面上都在这么做了，他们又何必非要坚持过去那一套呢？

刘继恩没有立刻答应。那几个晚上，他彻夜难眠，在脑子里反复琢磨这个事情。他该走哪一条路，是该坚持还是放弃？他自己心里清楚，如果再次触犯食品安全法，公司肯定保不住了，可是要让他就为了多挣点儿钱，轻易放弃从曾祖父刘宝桂那时候就传承下来的好手艺，做出个不好吃的月饼，他心里是万万过不去的。他该怎么办呢？

经过几天几夜的思考，刘继恩下定决心，还是要保留这道传统工艺。当他把决定告诉公司的高管和技术人员的时候，大家都很不理解。刘继恩眼含泪花对大家说道："这个工艺是从我的曾祖父那里传下来的，是经过几代人的验证的，用这个工艺做出来的月饼就是比现代的替代工艺做出来的更好吃，那我们就没有理由在我这里把这个工艺弄丢。何况，我当初创业的初心就是为了让父老乡亲吃上好月饼，初心没了，月饼的魂就没了。事在人为，一切问题都是有办法解决的。当然，我也做好了最坏的打算，要是因为控制不了微生物的量，因为微生物超标，这款月饼做不成，那我也认了。"

刘继恩的这番话颇有激励的感觉，公司的员工也被他感染了。他将研发、生产、品控的负责人全都叫到一起，对每一个生产环节进行梳理，不放过任何一个细节。在大家近乎疯狂的严格自我要求下，最终他们实现了微生物的控制目标。

敬己之心

敬人之心

敬物之心

秋香食品顺利地渡过了 2015 年的困境，到 2017 年时，公司的营业额同比增长了 34%。2018 年，刘继恩提出了秋香的使命：让家人心更近，家庭更圆满。他秉持着为老百姓做好吃的月饼的初心，带领秋香人大步向前进。2019 年，作为老字号的秋香被邀请进故宫，参加"中华老字号故宫过大年展"的盛大活动。因为秋香月饼太畅销，还没到大年三十，月饼已经销售一空，所以刘继恩只好将工人召回来，紧急制作月饼。就连大年三十那天，工人们都没休息，这才勉强做够了过年期间在故宫卖的月饼。

现在，秋香一年中秋节要做 4500 多万个月饼，其中酥皮月饼的产量位居全国第一。秋香的规模越做越大，企业的使命也随之发生了变化，"做好产品，服务社会"成为秋香更大的追求。刘继恩希望秉承"尽心尽力，尽善尽美"的价值观，将产品做到最好，实现"人人快乐，家家幸福"的美好愿景。

百年传承，一脉四代。如今刘氏家族第四代传人刘继恩秉承着"敬己之心、敬人之心、敬物之心"，传承着家族的手艺，只为让更多的人吃到好吃的月饼。

秋香从创立到现在已经走过了将近 30 个春秋，刘继恩相信，在未来的第一个 30 年、第二个 30 年，甚至更长的时间里，秋香仍然会坚守刘氏家族的信念，走好这条传奇之路。

时间的

刘继恩推荐秘传酥皮香

颂歌

经典产品

皮更酥，
馅中有皮味，
皮馅相辅，
口感饱满，

馅更香；
皮中有馅香；
香酥互补；
回味悠长。

秋香枣花酥

层次分明
松酥可口
枣香浓郁
唇齿生香

原料：
沂蒙山小麦粉
白砂糖
纯植物油
新疆灰枣

工艺：
和面、小包酥，手工制作成型，
刻章、烘烤。

特点：
皮层松酥、层次分明，
枣香味醇正，口感松酥。

秋香日历

立春

让赞美持久地孕育赞美

让欢欣又一次亲吻欢欣

立春了，冲动是必须的

有希望是理所当然的。一切

你所热爱的事物

统统都是对的

来吧，等待万物乘风而来

来吧，请打开你所有的窗户。打开

寒冬里尘封已久的笑容

拥抱你想拥抱的

每一个梦

秋香桃花酥

桃色迷人
绵软香甜
松酥细软
一口春天

原料:
香港美玫粉
脱脂纯牛奶
云南红玫瑰
精选白芸豆
海藻糖
纯植物油
(无香精、色素)

工艺:
果仁清洗后人工挑选,
和面、包馅,手工制作成型,
刻章、烘烤。

特点:
皮馅搭配合理,
面皮口感松酥,
玫瑰花味醇正浓郁,
化口感好,馅料细腻。

雨水

雨水降临。爱如期而至

和一只小鸟亲密地交谈

和一粒种子说——

今年，就看你的了

嗯。除了应诺

我也不知如何是好

在这片崇尚辛勤劳作的土地上

我想成为一名声誉良好的播种者

你说吧，眼睁睁地看着这么贵的雨水

白花花地流走。是

多么地可惜呀

秋香贵妃酥

十天内品尝

酥脆可口

十天后品尝

绵软香甜

清爽枣香

夹裹着核桃仁

别有滋味

回味悠长

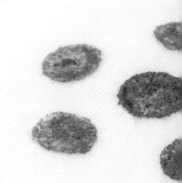

原料：

香港美玫粉

新疆灰枣

新疆核桃仁

脱脂纯牛奶

安佳黄油

纯植物油

工艺：

果仁清洗后人工挑选，

和面、包馅，手工制作成型，刻章、烘烤。

特点：

皮酥，甜而不腻，馅心的核桃仁与枣泥完美搭配，甜度适中，既健康又美味，枣香味醇正，口感筋道。

惊蛰

脚下的泥土突然间就变得柔软了
石槽边的老黄牛开始心事重重
铁匠铺的木风箱呼哧呼哧地喘着
微寒的春风。冬眠的小虫儿正在
缓慢地醒来。在大雪厚实的覆盖之下
休息了一整个冬天的村庄，男女老少们
心照不宣地伸胳膊蹬腿，活动起了筋骨
——惊蛰之日，乡民们蠢蠢欲动
摸摸膘肥体壮的牲口再把
老铁匠回炉锻打的农具
擦得锃亮
一场翻天覆地的竞赛
即将在漫山遍野中开始

秋香日历

春分

把光芒平均地分给白天和黑夜

把白天和黑夜平均地分给

地球上的每一座高山。每一条河流和

每一个平原。太阳

在力所能及地面向春分

展示它的公平

春分，人类渴望的、追求的和

世代奋斗的一切美好，都在你的

不动声色中闪闪发光

秋香日历

清明

柳树从不挑三拣四。无论谁
随便折一截柳枝插在湿润的泥土
柳树就兴高采烈地茁壮成长。清明这天
人们早早地起床，带上好酒。带上
大把大把的钞票去和遥远的亲人们见面
有些人哭了，上天也流下了眼泪
有些人默不作声，在走过的路旁
插下了成排成排的柳枝——
来年，柳枝不负岁月
以树、以絮、以鸟鸣、以迎风起舞
以延绵不绝的呼唤
等候儿孙们归来

谷雨

谷雨为草木而落
草木为生灵而起
生灵在天地间欢愉
天地在万物中沉默不语
亲爱的种子。亲爱的
散发着各种各样香气的树叶
好好地享受这谷雨的热情吧
好好地、尽情地、满心欢喜地
问天、问地、问自己
——你，开心吗？

秋香五谷饼

不甜不腻
酥香绵软
风味独特
口感饱满

原料：
沂蒙山小麦粉
白砂糖
纯植物油
新疆灰枣
白芝麻
（无香精、色素）

工艺：
和面、分剂成型，
烘烤、冷却、包装。

特点：
松软可口，回味层次分明，吃上一口，满口芝麻香味。

秋香日历
立夏

堂弟来电说，立夏之后
地里的庄稼长势喜人
夜晚，小池塘的蛙声此起彼伏
每每此刻，他都能想起我们的少年时光
那时候，月亮又大又圆
天上的星星多得无边无际
村里头的毛孩子们三五成群地
结成一个又一个小小的团伙。立夏一过
下河打水漂，上山摘樱桃
好不快活

小满

弯下腰在玉米林里除草，很容易被

玉米叶子的锯齿拉伤脸庞。好在

每次都能收获不少又肥又大的苦菜

——新鲜的苦菜是上好的猪食

腌制了的苦菜是一道极美的下饭菜。在乡下

人和动物的关系不是主人和宠物的关系。在乡下

家养的动物不负责为人类创造情感价值

小满——

大雨和大汗交替滴落在丰腴的庄稼地里

我作为一个农民的儿子，如今却在

城市杂乱无序的钢铁丛林中，怀抱一只短毛猫

回忆过去

这，令人惭愧

秋香红枣桃酥

枣香适宜
松酥可口
香味独特
回味悠长

原料：

沂蒙山优级面粉

广西白砂糖

鸡蛋

新疆灰枣

纯植物油

（无香精、色素）

工艺：

鸡蛋消毒后和面、机器成型、
烘烤、冷却、包装。

特点：

香酥可口，枣香味浓郁，甜而不腻。

芒种

南方雨大，北方越来越热

最迟播种的糜子，却能长出香喷喷的油糕

芒种这段时间，长大的麦穗

学会了袒胸露腹地在太阳下肆意招摇

老人们忧心忡忡，给稻草人穿好衣服，戴上草帽

田间地头，麻雀儿呼朋唤友

——飞走一群，又来了一群

有些尕小子偷偷地制作了简易的弹弓

说是在驱鸟，实际上是为了在

女孩子们面前炫耀——

俺的准头好得很呢

你想吃什么果儿，俺就打什么给你

你想玩什么游戏，俺就陪你玩

秋香日历

夏至

没有领教过夏至的蝉鸣

不可以轻言知了的诗意

北回归线以北，天不知黑

乡亲们聚集在村头的打谷场上敲锣打鼓

往日里沉默寡言的二姥爷匍匐在地，口中念念有词

全村的小伙子手持火把

向后山峁上的黑龙王庙狂奔而去——

风调雨顺的愿望

在全世界都是一样的至高无上

既然是重要的事情

就要方方面面都十分满意

秋香鲜蛋桃酥

鲜蛋和面
不加一滴水
香酥可口
爽而不腻
回味有一种特别的香气
回味悠长
令人久久难忘

原料:

沂蒙山优级面粉
广西白砂糖
鸡蛋
纯植物油
　(无香精、色素)

工艺:

鸡蛋消毒后和面,
机器成型,
烘烤、冷却、包装。

特点:

香酥可口,甜而不腻。

小暑

用小暑来命名的节气，肯定不是一年最热的时候

不过瓜果已是丰盈得目不暇接

家乡的民歌里唱道："六月六，新麦子馍馍熬羊肉"

可惜大都只记住了："三哥哥拉起了四妹妹的手"

某年的同一时间，有一个不爱说话的男生

蜷缩在写字楼的一个小小角落。躲避

扑面而来的空调冷气。想象

在群山起伏的黄土高原，乡亲们还有谁

苦守在阳坡背洼上靠天吃饭？

村里远嫁他方的女子，是不是过上了富足的生活？

他知道三哥哥进了城，开了家很小的羊肉面馆

生意好得天天有人排队

秋香核桃枣泥月饼

层层起酥
层次分明
薄如粉笺
细如棉纸

原料：

香港美玫粉

白砂糖

新疆灰枣

精选核桃仁

纯植物油

（无香精、色素）

工艺：

果仁清洗后人工挑选，

和面、小包酥、开酥、包馅、压饼、双面烘烤。

特点：

皮层松酥，馅料晶莹透亮，枣香、核桃味浓郁，香嫩不油腻。

大暑

三伏天的晌午，吃上两牙黑皮红瓤的西瓜再
睡一个心满意足的觉。哎呀
人间的幸福，不过如此而已
家有小孩爱玩水的，要注意不能在河边逗留
上游的洪水野起来好没有道理
还有杏儿和李子不能吃得太多
有些东西轻尝即可，过了
就非常危险
大暑期间，一年通常过半
花红。柳绿。人美

秋香精制五仁月饼

皮层松酥
层次分明
精选果仁
颗粒饱满
玫瑰入味
口感丰富

原料：

优级面粉

白砂糖

馅内 5 种坚果小料（核桃仁、杏仁、芝麻、南瓜仁、腰果）

云南玫瑰鲜花酱

纯植物油

鲁花花生油

（无香精、色素）

工艺：

内馅坚果清洗后人工挑选，

和面、小包酥、开酥、包馅、压饼、双面烘烤。

特点：

皮层松酥，色泽美观，馅料肥而不腻，果仁颗粒饱满，

化口感好，味本自然，配料考究。

秋香日历
立秋

农历七月，秋老虎横行霸道

族人们小心翼翼地出门。看天。等雨

直到年岁长，腰身慢，言轻语暖

才知乡约不欺寡，人帮人，事帮事，自有道理

君在江湖，自晓人间冷暖

晨闻鸡叫起，夜披棉被睡

他日若腾达，多谢天和地

勤劳之人，自有福气

立秋为证，博收贺喜

秋香日历
处暑

热恋自是难忘，薄情的时候
忘记也是很容易的。夏天
终于要过去了。人们在富足中狂欢
世界在不知不觉中夜长日短
我们都是凡人。自以为是的毛病
或多或少地倚身相随。关于耕耘，关于
持久的感动或者不离不弃。是个
很大的挑战
我自己觉得，在描述分手这件事情时
最美的汉语应该是"处暑"了

139

秋香清香老婆饼

皮薄馅满
味道清爽
层次丰富
口感筋道

原料:

优级小麦粉

白砂糖

纯植物油

馅(冬瓜、白砂糖)

(无香精、色素)

工艺:

和面、小包酥、开酥、包馅、

压饼、刷蛋、烘烤。

特点:

皮薄馅厚、外皮层层起酥,内馅滋润软滑,

晶莹透亮、入口筋道嚼劲十足,甜而不腻。

秋香蛋月烧（玫瑰豆沙）

松软可口
细腻绵软
玫瑰入味
豆沙清甜

原料：
优级小麦粉
鸡蛋
绵白糖
云南红玫瑰
精选红小豆
纯植物油
（无香精、色素）

工艺：
果仁清洗后人工挑选，
和面、包馅、
压花、刷蛋、烘烤。

特点：
面具有"松、软、绵、香"的特色，
馅料独具的豆沙香味与玫瑰花香味融合，甜香可口。

白露

杜甫弃我，足千年又二百余载兮

露还今夜白，月亦故乡明

世间之美，深情使然也

闽地与我，遥三千里有盈

良友赠龙眼，舟车劳顿，天地相济，次日达

兄弟情浓，分食不出三天。心领。神会。多谢

白露知天凉，君念暑热情

天上人间，古往今来，鸿雁北南去，携吾信与安，

勿挂牵

秋香浓郁枣香月饼

层次分明
松酥可口
枣香清正
唇齿留香

原料：
优级小麦粉
白砂糖
新疆灰枣
纯植物油
（无香精、色素）

工艺：
和面、小包酥、开酥、
包馅、压饼、双面烘烤。

特点：
皮层松酥，枣香味醇正，口感松软。

秋分

把秋天一分为二的是秋分
把月饼一分为二，送给你稍大一块儿的
是爱你的人。孩子——
人人都会长大。人人都要在
爱与被爱中周而复始。孩子——
纵然如天地般辽阔，也有昼夜交替。纵然如
月亮之恒久，亦有阴晴或圆缺。孩子——
无论你经历了什么，过去的事情
就让它过去吧。如秋分一般
在秋天，把秋天分得明明白白的
才是丰收本来的样子

寒露

寒露深谙循序渐进的法门。不知不觉地
人们身上的衣服又厚了一层。节气知天意
在大势已定的、不可逆转的形势面前
自然而然地让苍生节节败退。一寸一寸地
给疲惫的土地，留一些休息的时间。当然也
包括阳光、空气和水
喧哗了大半年的山川沟壑，犹如
一头迟暮的老耕牛
面对满仓满仓的谷物，若无其事地
闭目养神

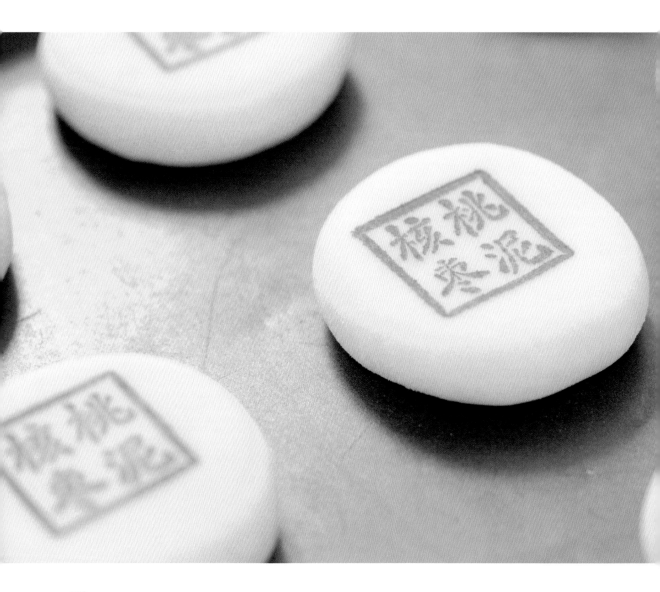

霜降

霜降时常有大雾。驾车由陕入川的老师傅们
要等到日出雾散了，才能放心地上路
关于蜀道难，今人只记得开山、打洞、架桥、铺路之艰难
李白才情万尺，可惜早生了千年
游客目睹秦岭主峰之太白高山
一棵棵柿子树顽强地矗立在乱石之间。坡上路边
到处都是滚落的熟果儿，粒粒金黄，甜美得没法形容
倘若你的小嘴儿馋食，尽管随手捡拾，吃得饱饱的
大山里，乡民们淳朴好客，来了就是朋友
吃几个柿子算什么事呢？叹只叹
霜降年年有，诗仙不再来
蜀道变坦途，旧赋谁能改？

秋香传统冰糖月饼

红绿相间
好吃耐看
口味经典
酥脆香甜

原料：
优级面粉
白砂糖
馅内 7 种小料（黑芝麻、白芝麻、青丝、红丝、冰糖、青梅、花生）
纯植物油
鲁花花生油
（无香精、色素）

工艺：
内馅坚果清洗后人工挑选，
和面、小包酥、开酥、包馅、压饼、双面烘烤。

特点：
皮层松酥，色泽美观，馅料香甜不腻，入口是回味悠久的老味道。

秋香蛋月烧（上等五仁）

松软可口
细腻绵软
果仁饱满
回味悠长

原料：

优级小麦粉

鸡蛋

馅内 5 种坚果小料（核桃仁、杏仁、芝麻、南瓜仁、腰果）

云南玫瑰鲜花酱

纯植物油

鲁花花生油

（无香精、色素）

工艺：

内馅坚果清洗后人工挑选，

和面、包馅、

压花、刷蛋、烘烤。

特点：

面具有"松、软、绵、香"的特色，

果仁颗粒饱满，层次分明。

秋香日历
立冬

我爱吃的饺子再也不会有了。外婆走了这么些年了

我一直装作什么事情都没有发生。妈妈走了的年头也很长了

我仍然装作什么事情也没有发生。换作是另外一个人

我不知道他会如何去做呢？

有些人对有些人来说，实在是太重要了。重要得不能忘记也

不敢去回忆。有些人

用一辈子的时间只为你一个人的出生和长大而活着

我真的不知道，失去了她们的世界对我而言

该咋样去打破这长久的沉默

每年立冬，家家户户吃饺子

我知道自己不可能吃到那种血浓于水的饺子

只好每年都买一个全新的能保护耳朵的棉帽子戴

说白了，也算是一种简单的心理安慰吧

秋香日历

小雪

把滚烫滚烫的白开水，一锅又一锅地倒入

盛满大棵大棵白菜的瓷盆里。被开水泡洗过的白菜

——散发着香气。青涩中有一点儿害羞

小雪来的时候，村庄里每家每户的小碥畔

都是一个走漏风声的好地方

洗菜的温水自窑洞的院子里徐徐流出，青菜的香气

不懂含蓄。不大不小的村庄里，不到半天光景

家家户户就都知道——

老赵家的那个刘姓儿媳妇又在腌菜哩

一把花椒两把盐，三块石头瓮中压

想问白菜疼不疼，不知小刘累不累

故乡的小雪，就这么嬉皮笑脸地自己来了

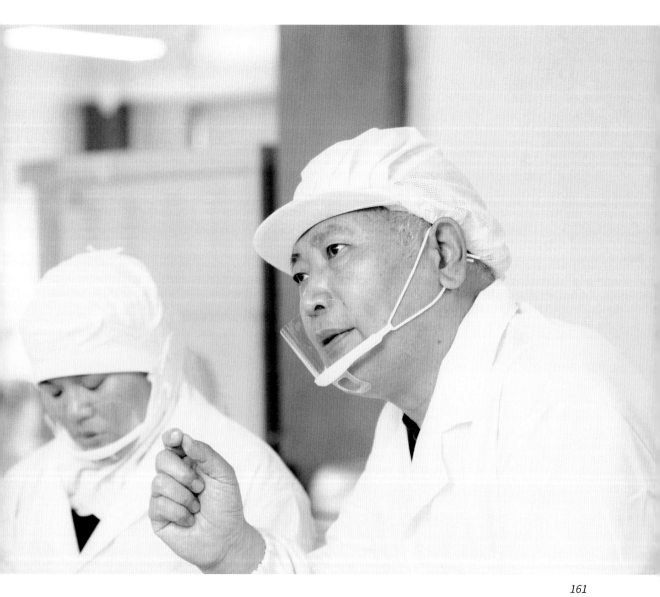

秋香黑麻椒盐月饼

花椒、盐和黑芝麻
匠心搭配
椒香
麻香
咸甜适中
风味独特
一口难忘

原料：
优级面粉
白砂糖
老字号崔字牌黑芝麻
纯植物油
鲁花花生油
馅内 3 种小料（西瓜仁、白芝麻、核桃仁）
盐
当季花椒
（无香精、色素）

工艺：
内馅坚果清洗后人工挑选，
和面、小包酥、开酥、包馅、压饼、双面烘烤。

特点：
皮层松酥，色泽美观，馅料椒盐味醇正，口感松酥。

秋香日历
大雪

北方大多数的村庄会有一条小河或者依偎在
某一条小河的岸边。大人们耕田种地、养牛喂驴离不开
河里面的水。小孩子们同样也离不开
有水的河流。夏天
孩子们脱得光溜溜的在
稍深一点的河水里嬉闹。大雪回来后
河滩的冰面上到处都是滑冰车的、踩冰刀的和
溜冰鞋的男孩和女孩
玩是玩得够开心的。不过回到了家中
被训斥也是常有的事。冬天不小心弄破了棉裤
夏天粗心大意丢失了汗衫。倘若有和其他孩子打了架
被父母揍几下也是家常便饭
又逢大雪，冰如往年洁白。孩子们
却都不知去了哪里

165

秋香七彩八宝月饼

色彩丰富
不油不腻
口感清爽
绵软酥香

原料：
优级面粉
白砂糖
馅内 8 种小料（核桃仁、白芝麻、青丝、红丝、冬瓜丁、橘饼、葡萄干、花生）
纯植物油
鲁花花生油
（无香精、色素）

工艺：
内馅坚果清洗后人工挑选，
和面、小包酥、开酥、
包馅、压饼、双面烘烤。

特点：
皮层松酥，色彩丰富，馅料层次分明、清香爽口。

冬至

冬至这天，白昼本来就短暂得可怜
人们还是想出了各种庆祝这一重要节日的花样
——吃饺子、酿米酒、喝羊汤。反正农闲了
用吃吃喝喝来犒劳一下自己和家人。在
一年中最长的夜晚，美美地睡个大觉
有了这种想法，就连
等待冬至到来的时间
都是香喷喷的。接下来
活跃在乡间的唢呐班子又到了
一年中最忙的时候。新娘子们一个又一个被
吹吹打打地迎到了婆家。新年之前
喜事总是连着喜事，擅做酒席的民间大厨
在噼里啪啦的鞭炮声中
出尽了风头

秋香日历
小寒

每到吃腊八粥前后，村里头就会

突然间冒出来许多半生不熟的小屁孩

路上碰见的每一个人，都莫名其妙地开心

就连家家户户烟囱里升起的焦煤味儿

也不像往日里那么呛人了

不用说，小寒到了

远嫁的姑娘们纷纷回到了娘家

乡下的老人们过年，清灰扫尘和洗衣糊窗这些小事

一般是女儿们做的。儿子嘛

只管带着上门来的外甥们，满山满坡地逮鸟捉兔

大人没个大人样，小孩没个小孩样

这段时间，山村里除了欢喜的人，就剩下了欢喜的笑

秋香上等五仁月饼

不油不腻
口感清爽
绵软酥香
果仁配比
恰到好处
层层起酥
薄如粉笺
细如绵纸

原料：
优级面粉
白砂糖
馅内5种坚果小料（核桃仁、杏仁、芝麻、南瓜仁、腰果）
云南玫瑰鲜花酱
纯植物油
鲁花花生油
（无香精、色素）

工艺：
内馅坚果清洗后人工挑选，
和面、小包酥、开酥、包馅、压饼、双面烘烤。

特点：
皮层松酥，色泽美观，馅料果仁颗粒饱满，玫瑰味清香可口。

秋香日历
大寒

过年吃的花枣大馍、喝的好酒、票面崭新的压岁钱和

一千响的大鞭炮，都准备好了

提前做好的油炸丸子和

各种酥肉、炖肉、酱牛肉也都

放在了不生火的寒窑里。大寒一过

城里人忙着在超市里扫货，乡下人早就在集市上

准备好了过年期间要准备的一切

儿女们长大后，村里的人一年比一年少了

留下的老人们总爱说，城里住不习惯

死了以后，怕被送到火葬场

只有大寒知道，有些人怕给儿女们添麻烦

有些人害怕自己走了以后，祖坟地就没有人照看了

等到自己老了，就真的没有脸面去见祖先了

秋香山楂锅盔

酸甜可口
开胃佳品
皮酥馅软
回味悠长

原料：
沂蒙山新鲜大金星山楂
优级面粉
绵白糖
纯植物油
安佳黄油

工艺：
和面、包馅，手工制作成型，
刻章、烘烤。

特点：
传统京式糕点代表之一，皮馅搭配合理，
面皮口感松酥，不油腻，山楂馅料酸甜适中。

秋香山楂小果

酸甜可口
绵软酥香
造型萌趣
开心开胃

原料：

沂蒙山新鲜大金星山楂

优级面粉

绵白糖

纯植物油

安佳黄油

（无香精、色素）

工艺：

和面、包馅，手工制作成型，烘烤。

特点：

皮馅搭配合理，口感香酥松软，不油腻，

山楂馅料酸甜适中，外形美观。

先闻后吃
细嚼慢咽

用心品味
回忆美好

索引 1: 秋香日历之二十四节气

索引 2：本书出现的秋香产品